Mohan Kumar R S
Arun A P

SISTEMA DE RECUPERAÇÃO AUTOMÁTICA DO DESCANSO LATERAL

Mohan Kumar R S
Arun A P

SISTEMA DE RECUPERAÇÃO AUTOMÁTICA DO DESCANSO LATERAL

ScienciaScripts

Imprint

Any brand names and product names mentioned in this book are subject to trademark, brand or patent protection and are trademarks or registered trademarks of their respective holders. The use of brand names, product names, common names, trade names, product descriptions etc. even without a particular marking in this work is in no way to be construed to mean that such names may be regarded as unrestricted in respect of trademark and brand protection legislation and could thus be used by anyone.

Cover image: www.ingimage.com

This book is a translation from the original published under ISBN 978-620-7-64131-4.

Publisher:
Sciencia Scripts
is a trademark of
Dodo Books Indian Ocean Ltd. and OmniScriptum S.R.L publishing group

120 High Road, East Finchley, London, N2 9ED, United Kingdom
Str. Armeneasca 28/1, office 1, Chisinau MD-2012, Republic of Moldova, Europe
Printed at: see last page
ISBN: 978-620-7-63726-3

SISTEMA DE RECUPERAÇÃO AUTOMÁTICA DO DESCANSO LATERAL

<u>RESUMO</u>

No mundo moderno em desenvolvimento, o automóvel desempenha um papel importante, especialmente os veículos de duas rodas (motociclos e bicicletas). Apesar de serem úteis, há alguns acontecimentos tristes, como os acidentes devidos à falta de cuidado do condutor. Os acidentes graves ocorrem devido ao esquecimento de levantar o descanso lateral. Para retificar este problema, foram tomadas muitas medidas avançadas, mas estas são ineficazes, pelo que se deve implementar uma técnica mais eficaz em todos os tipos de bicicletas.

O sistema "AUTOMATIC SIDE STAND RETRIEVAL SYSTEM" pode ser montado em todos os tipos de veículos de duas rodas (com mudanças) e foi concebido com base no princípio de mudança de velocidades das bicicletas.

Um sistema de recolha automática do descanso lateral para veículos de duas rodas é uma caraterística de segurança concebida para evitar acidentes provocados pela condução com o descanso lateral desativado. O sistema retrai automaticamente o descanso lateral quando o condutor tenta engrenar uma mudança, assegurando que o veículo não pode ser conduzido com o descanso lateral aberto. Esta caraterística é particularmente útil na prevenção de acidentes em que o descanso lateral toca no chão durante uma curva, provocando a perda de controlo.

ÍNDICE

LISTA DE SÍMBOLOS

Wire Diameter	-	dw
Coil Outer Diameter	-	D
Coil Inner Diameter	-	d
No. of coils	-	n
Spring Constant	-	k
Stand Weight	-	Wst
Spring Weight	-	Wsp
Angle of Inclination	-	Θ
Free Length of Spring	-	L
Total Weight	-	Wa
Retrieving Force	-	F
Torque	-	T
Force due to stand weight	-	Fst
Torque due to stand weight	-	Tst
Total Torque	-	Ta

CAPÍTULO 1

INTRODUÇÃO

1.1 INTRODUÇÃO AO DESCANSO LATERAL AUTOMÁTICO

SISTEMA DE RECUPERAÇÃO

Os motociclos são geralmente fornecidos com um suporte para os apoiar quando não estão a ser utilizados. O suporte é geralmente composto por uma barra ou haste que está ligada de forma articulada à parte inferior do quadro do motociclo e é móvel para uma posição lateral e para baixo, de modo a que o motociclo possa ser inclinado e apoiado na barra. Quando o motociclo está a ser utilizado, a barra é oscilada para cima e ao longo do quadro, de modo a não interferir com o funcionamento do motociclo. Muitas vezes, o ciclista esquece-se de colocar o estandarte na sua posição elevada e, quando faz uma curva, o estandarte bate no chão e faz com que o motociclo seja atirado para o chão, geralmente com consequências graves tanto para o ciclista como para o motociclo

Com base no princípio de funcionamento dos veículos

de duas rodas (ou seja, a potência é gerada no motor e transmite-a ao pinhão, fazendo-o rodar. O pinhão transmite a potência ao pinhão da roda traseira e faz com que o veículo se desloque).

A segurança dos veículos de duas rodas é uma preocupação fundamental, e garantir que o descanso lateral é recolhido antes de o veículo ser posto em movimento é essencial para evitar acidentes. O sistema de recuperação automática do descanso foi concebido para resolver este problema, retraindo automaticamente o descanso lateral quando a mudança é alterada de ponto morto para primeira velocidade.

CAPÍTULO 2
IDENTIFICAÇÃO DO PROBLEMA

2.1 IDENTIFICAÇÃO DO PROBLEMA

Compreendemos a importância do mecanismo de recuperação automática do descanso lateral para veículos, especialmente para veículos de 2 rodas. Por isso, decidimos avançar com menos peso, menos custo, altamente resistente às condições de carga. A maior parte dos sistemas mecânicos está sujeita a cargas dinâmicas que provocam fissuras nas ligações, ruído, fadiga, etc. Os problemas com que se depara o descanso lateral são os seguintes

- Peso do suporte
- Tamanho do suporte
- É necessário acrescentar um elo suplementar na alavanca de velocidades.
- O binário está por determinar.

2.2 ÂMBITO DE APLICAÇÃO

➢ O nosso objetivo é fornecer uma nova forma de mecanismo de recuperação de apoios laterais com baixo custo em comparação com a recuperação existente.

➢ O principal fator a retificar é o tamanho, o peso e o binário do descanso lateral, para que a massa não suspensa reduza ainda mais a massa rotacional.

➢ A afirmação diz respeito, em geral, a suportes laterais de veículos para a estabilidade do veículo com mudança de material para reduzir a massa rotacional.

2.3 OBJECTIVO

Num veículo de duas rodas, é fundamental garantir a segurança do condutor. Um aspeto crítico da segurança é garantir que o descanso lateral é recolhido antes de o veículo ser posto em movimento. Isto pode ser conseguido através da conceção e implementação de um sistema automático de recolha do descanso lateral que é ativado quando a mudança é alterada de ponto morto para primeira velocidade.

Conceito de design:

O conceito de conceção envolve a criação de um mecanismo de ligação externo que está ligado ao mecanismo de mudança de velocidades e ao descanso lateral. Quando a mudança é mudada de ponto morto para primeira velocidade, o elo externo é ativado, fazendo com que o descanso lateral se recolha automaticamente. Isto garante que o descanso lateral não é um obstáculo enquanto o veículo está em movimento, reduzindo o risco de acidentes.

O conceito de conceção envolve a criação de um mecanismo de ligação externa que está ligado ao mecanismo de mudança de velocidades e ao descanso lateral. Quando a mudança é engrenada, o elo externo é ativado, fazendo com que o descanso lateral se recolha automaticamente.

Processo de fabrico:

O processo de fabrico envolve a conceção e o fabrico do mecanismo de ligação externa. O mecanismo deve ser leve mas durável, assegurando que pode suportar uma utilização regular.

O processo de fabrico envolve a conceção e o fabrico do mecanismo de ligação externa. Este mecanismo deve ser robusto e fiável, capaz de suportar os rigores de uma utilização regular. Os materiais utilizados devem ser leves mas duráveis, assegurando que o mecanismo não acrescenta peso desnecessário ao veículo.

Cálculos de apoio

Para garantir a eficácia do sistema automático de recolha do descanso lateral, devem ser efectuados cálculos de apoio sobre o binário total gerado. Isto implica calcular o binário necessário para retrair o descanso lateral e assegurar que o mecanismo é capaz de gerar um binário suficiente para o conseguir.

Benefícios de segurança:

A implementação de um sistema de recolha automática do descanso lateral proporciona várias vantagens em termos de segurança. Assegura que o descanso lateral é sempre recolhido antes de o veículo ser posto em movimento, reduzindo o risco de acidentes causados pela condução com o descanso lateral em baixo. Além disso, elimina a necessidade de o condutor recolher manualmente o descanso lateral, permitindo uma experiência de condução mais cómoda e segura.

2.4 LIMITAÇÕES

- ➢ A sua aplicação está limitada apenas aos veículos de duas rodas
- ➢ Fiabilidade: O sistema baseia-se em sensores e componentes mecânicos para retrair o descanso lateral. Se algum destes componentes falhar ou não funcionar corretamente, o sistema pode não funcionar como previsto.
- ➢ Factores ambientais: Condições climatéricas extremas, como chuva forte, neve ou lama, podem afetar os sensores ou mecanismos, conduzindo a uma potencial falha ou funcionamento incorreto.
- ➢ Manutenção: É necessária uma manutenção regular para garantir que o sistema funciona corretamente. Qualquer sujidade, detritos ou danos nos componentes podem afetar o seu desempenho.
- ➢ Drenagem da bateria: O sistema necessita de energia para funcionar, o que pode levar a um consumo

adicional da bateria. Se a bateria estiver fraca ou não tiver uma manutenção adequada, isso pode afetar a fiabilidade do sistema.

➤ Custo: A adição de um sistema automático de recuperação do descanso lateral pode aumentar o custo do veículo, o que pode ser um fator de dissuasão para alguns consumidores.

CAPÍTULO 3

PESQUISA BIBLIOGRÁFICA

"Design and Development of Automatic Side Stand Retrieval System for Two-Wheeler" (Conceção e desenvolvimento de um sistema automático de recolha do descanso lateral para veículos de duas rodas), de R. Sivakumar, et al. Este artigo aborda a conceção e o desenvolvimento de um sistema que recolhe automaticamente o descanso lateral de um veículo de duas rodas quando a mudança é engatada. O sistema utiliza um sensor para detetar a posição da mudança e acciona um motor para recolher o descanso lateral.

"Implementation of Automatic Side Stand Retrieval System in Two Wheeler" por M. S. Pandian, et al. Este artigo apresenta a implementação de um sistema automático de recuperação do descanso lateral num veículo de duas rodas. O sistema utiliza um microcontrolador para controlar o mecanismo de retração com base nas entradas dos sensores.

"Automatic Side Stand Retrieval System for Two Wheeler" por A. R. Balaji, et al. Este artigo descreve o projeto e a implementação de um sistema automático de recuperação do descanso lateral utilizando um microcontrolador e sensores. O sistema garante que o descanso lateral é recolhido antes de o veículo poder ser conduzido, aumentando a segurança.

"Development and Implementation of Automatic Side Stand Retrieval System for Two Wheeler" por V. S. Rajput, et al. Este artigo apresenta o desenvolvimento e a implementação de um sistema automático de recuperação do descanso lateral para veículos de duas rodas. O sistema foi concebido para recolher o descanso lateral quando o veículo está em movimento, reduzindo o risco de acidentes.

"Automatic Side Stand Retrieval System for Two Wheeler - A Review" por S. S. Maheshwari, et al. Este documento de análise apresenta uma visão geral de vários sistemas automáticos de recuperação de descanso lateral desenvolvidos para veículos de duas rodas. Discute os princípios de conceção, os desafios de implementação e as vantagens de segurança desses sistemas.

CAPÍTULO 4

METODOLOGIA

CÁLCULO DE CONCEPÇÃO

- ➢ Força de reação
- ➢ Binário inicial
- ➢ Binário final

MODELAGEM

SELECÇÃO DO MATERIAL

- ➢ Com base no desempenho do veículo
- ➢ Tipo de veículo no qual o descanso lateral deve ser montado
- ➢ O peso e a velocidade do veículo devem ser tidos em conta
- ➢ O componente deve suportar a carga indicada sem falhar.
- ➢ O projetista tem um objetivo (torná-lo o mais barato possível, ou o mais leve possível, ou o mais seguro possível, ou uma combinação destes objectivos)

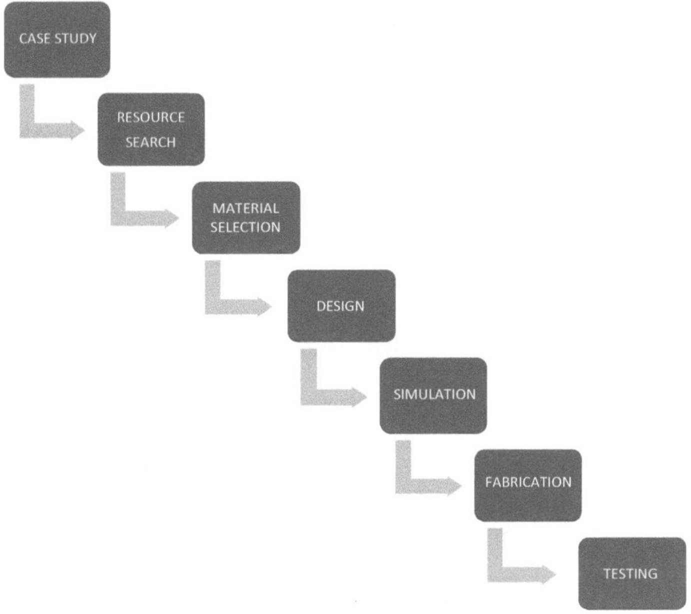

Figura 4.1 - FLUXOGRAMA DO PROCESSO

PROCESSO DE MAQUINAGEM

- ➤ Soldadura
- ➤ Retificação
- ➤ Fresagem
- ➤ Virar

CAPÍTULO 5

COMPONENTES DA RECUPERAÇÃO AUTOMÁTICA DO DESCANSO LATERAL

5.1 SUPORTE LATERAL

Um descanso lateral é um dispositivo de um motociclo ou de uma bicicleta que permite manter a bicicleta na vertical sem ter de se apoiar noutro objeto ou na ajuda de uma pessoa. Um descanso lateral é normalmente uma peça de metal que se desprende do quadro e entra em contacto com o solo. Está geralmente situado no meio da bicicleta ou na parte de trás. Algumas bicicletas de turismo têm dois: um na traseira e outro na frente.

Um descanso lateral é uma perna única que simplesmente se vira para um lado, normalmente o lado esquerdo, e a mota encosta-se a ele.

Um descanso central é um par de pernas ou um suporte que se vira para baixo e levanta a roda traseira do chão quando está a ser utilizado.

5.2 QUADRO

O quadro de um veículo, também conhecido como chassis, é a principal estrutura de suporte de um veículo a motor à qual estão ligados todos os outros componentes, comparável ao esqueleto de um organismo.

Atualmente, todos os automóveis de passageiros receberam uma construção unibody, o que significa que o chassis e a carroçaria foram integrados um no outro. No entanto, quase todos os camiões, autocarros e pickups continuam a utilizar o modelo separado de chassis e carroçaria

Figura 5.1 - QUADRO

5.3 ENGATE DO FECHO

Uma ligação mecânica é um conjunto de corpos ligados para gerir forças e movimentos. Uma ligação de bloqueio é uma ligação mecânica com um grau de liberdade definido, que não pode ser alterado, ao contrário de uma ligação mecânica normal, que pode ser alterada. O movimento de um corpo, ou de uma ligação, é estudado através da geometria, pelo que a ligação é considerada rígida. As ligações entre as ligações são modeladas como proporcionando um movimento ideal, rotação pura ou deslizamento, por exemplo, e são designadas por juntas. Uma ligação modelada como uma rede de ligações rígidas e articulações ideais é designada por cadeia cinemática.

5.4 ALAVANCA DE ENGRENAGEM

A alavanca de velocidades é o componente principal seguinte do sistema. A alavanca de velocidades é uma haste retangular feita de aço macio, que consiste em duas folhas de elevação que são montadas na extremidade do eixo. As folhas de elevação devem estar paralelas ao pinhão da roda dentada. A alavanca de elevação é composta por duas hastes metálicas, sendo ambas soldadas em ambos os lados do eixo. As extremidades livres das folhas de elevação são bem cónicas. As extremidades são maquinadas de forma cónica para um engate suave com a alavanca de empurrar.

Figura 5.2 - ALAVANCA DA ENGRENAGEM E SUPORTE LATERAL

5.5 MOLA

Uma mola é um objeto elástico utilizado para armazenar energia mecânica. As molas são geralmente feitas de aço para molas. Existe um grande número de modelos de molas; na utilização quotidiana, o termo refere-se frequentemente a molas helicoidais.

As molas pequenas podem ser enroladas a partir de material pré-endurecido, enquanto as maiores são feitas de aço recozido e endurecido após o fabrico. Alguns metais não ferrosos são também utilizados, incluindo o bronze fosforoso e o titânio para peças que requerem resistência à corrosão e o cobre berílio para molas que transportam corrente eléctrica (devido à sua baixa resistência eléctrica).

Figura 5.3 - MOLA

CAPÍTULO 6
MÉTODO E CONSTRUÇÃO PROPOSTOS

6.1 MÉTODO PROPOSTO

Com base no princípio de funcionamento do veículo de duas rodas (ou seja, a potência é gerada no motor e este transmite a potência à caixa de velocidades), o movimento da alavanca de velocidades ligada à caixa de velocidades é utilizado para este mecanismo. Este é o mecanismo proposto que pode ser seguido em todos os tipos de veículos de duas rodas, com base no qual é concebido o "SISTEMA AUTOMÁTICO DE RETRIBUIÇÃO DO BANCO LATERAL", uma vez que este sistema funciona através da mudança do nível da engrenagem. Este mecanismo é composto por cinco componentes, que são montados num único conjunto e que são explicados resumidamente no capítulo seguinte.

Figura 6.1 - SISTEMA AUTOMÁTICO DE RETRIÇÃO DO
BANCO LATERAL

6.2 CONSTRUÇÃO

Toda a construção deste sistema é simples e eficiente. A disposição e a posição dos componentes fazem com que o sistema funcione. Cada um dos componentes tem a sua própria propriedade e responsabilidade. O movimento da alavanca de velocidades é transmitido ao componente adequado sem perda de potência. A conceção sistemática do sistema é feita de modo a consumir apenas uma quantidade muito baixa de energia inicialmente durante alguns segundos para recuperar o suporte. Depois, o consumo de energia não ocorre após a recuperação do descanso. A construção do "sistema de recuperação automática do descanso lateral" proposto é constituída por cinco componentes principais.

CAPÍTULO 7

PRINCÍPIO DE FUNCIONAMENTO

O sistema de recuperação do descanso lateral recupera automaticamente o descanso lateral se o condutor se esquecer de o levantar durante a deslocação da bicicleta. Funciona com base no princípio da mudança de velocidade das motas de duas rodas.

Todas as bicicletas transmitem a potência do pinhão do motor para a roda traseira, ou seja, o movimento rotativo da alavanca de mudanças entra em contacto com o elo de bloqueio. Esse movimento rotativo do elo de bloqueio faz com que o descanso lateral se liberte do elo para se mover. Com base neste mecanismo, é concebido o sistema de recuperação do descanso lateral.

Esta rotação faz com que a alavanca seja accionada para libertar o descanso lateral para ser recuperado. O funcionamento do "Sistema Automático de Recuperação do Descanso" é explicado abaixo em ambas as condições (em repouso e em condução do veículo de duas rodas).

7.1 CONDIÇÃO DE REPOUSO

Quando o veículo de duas rodas está em estado de repouso, ou seja, quando o condutor acciona o descanso lateral do veículo para o solo, a alavanca de empurrar, que está articulada no centro do descanso lateral, engata na alavanca de elevação do conjunto do incitador. Durante esta condição, o conjunto do incitador está em repouso e o conjunto do retriever tem o descanso bloqueado na posição vertical.

A conceção do elo de bloqueio pode ser alterada em função do tipo de bicicleta e da distância calculada entre o descanso lateral e a alavanca de velocidades. A mola helicoidal de bobina fechada que é puxada, a bobina da mola fica tensa durante o repouso do descanso lateral no solo, sendo este o estado do sistema durante a fase de repouso.

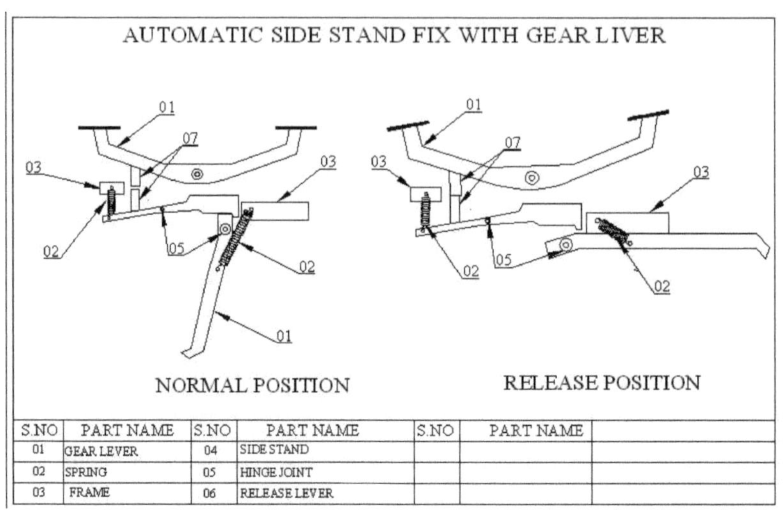

S.NO	PART NAME	S.NO	PART NAME	S.NO	PART NAME	
01	GEAR LEVER	04	SIDE STAND			
02	SPRING	05	HINGE JOINT			
03	FRAME	06	RELEASE LEVER			

Figura 7.1 - CONDIÇÃO DE DESCANSO E DE PASSEIO

7.2 CONDIÇÕES DE CIRCULAÇÃO

Quando o veículo de duas rodas é ligado e a primeira velocidade é engrenada. O conjunto da saliência de contacto da alavanca de velocidades, que está fixado por baixo da alavanca de velocidades, acciona o elo de bloqueio, de modo que, quando o elo é desbloqueado, a elevação do descanso lateral é conseguida.

Assim, a alavanca de velocidades, quando engatada no elo de bloqueio, faz com que o descanso lateral seja libertado da sua posição de trabalho.

CAPÍTULO 8

CÁLCULO DE CONCEPÇÃO

São efectuados cálculos de apoio para assegurar que o mecanismo é capaz de gerar um binário suficiente para retrair o descanso lateral. Isto envolve o cálculo do binário necessário para retrair o descanso lateral e a garantia de que o mecanismo pode gerar este binário.

Quadro 8.1 - CÁLCULOS DE PROJECTO

S.N.	Conteúdo	Símbolo	Fórmula	Cálculo	Especificação
1	**Diâmetro do fio**	Dw	-	-	0.003m
2	**Diâmetro exterior da bobina**	D	-	-	0.017m
3	**Diâmetro interno da bobina**	D	-	-	0.014m
4	**N.º de bobinas**	N	-	-	17

5	Constante de mola	K	-	-	1.732
6	Peso do suporte	Wst	-	-	400g
7	Peso da mola	Wsp	-	-	56g
8	Ângulo de inclinação	Θ	-	-	50°
9	Comprimento livre da mola	L	Π x D xn	Πx0.017x17	0.90746m
10	Peso total	Ws	Wst+ Wsp	0.4+0.056	0,456 kg
11	Força de recuperação	F	k x L	1.732x0.90476	1.572N
12	Binário	T	P	1.572x0.007	0,17292Nm
13	Força devida ao peso do suporte	Fst	WsgsinΘ	0,456x9,81xsin50°	3.4276N

| 14 | **Binário devido ao peso do suporte** | Tst | Fst r | 3.4276x0.0 07 | 0,3769471Nm |
| 15 | **Binário total** | Ta | T+Tst | 0.17292+0. 3769471 | 0,54982Nm |

CAPÍTULO 9

DIAGRAMA DO MODELO

O desenvolvimento de um modelo 3D para um sistema automático de recuperação do descanso lateral representa um avanço significativo na conceção e visualização desta caraterística crítica de segurança para veículos de duas rodas. Este modelo 3D permite uma representação detalhada dos componentes do sistema, das suas interacções e da funcionalidade geral. Ao criar um protótipo digital, os engenheiros podem simular o funcionamento do sistema, identificar potenciais falhas de conceção e otimizar o seu desempenho antes da implementação física.

Vantagens da modelação 3D:

Visualização: Um modelo 3D fornece uma representação realista do sistema de recuperação automática do descanso lateral, permitindo aos engenheiros e projectistas visualizar o seu funcionamento e funcionalidade.

Simulação: O modelo 3D pode ser utilizado para simular o movimento dos componentes do sistema, ajudando a identificar potenciais problemas e a otimizar a sua conceção para um melhor desempenho.

Conceção iterativa: Os engenheiros podem modificar facilmente o modelo 3D para testar diferentes configurações de projeto e garantir que o sistema final cumpre os requisitos de segurança e desempenho.

Colaboração: O modelo 3D pode ser partilhado com as partes interessadas e os membros da equipa, facilitando a colaboração e a comunicação ao longo do processo de conceção e desenvolvimento.

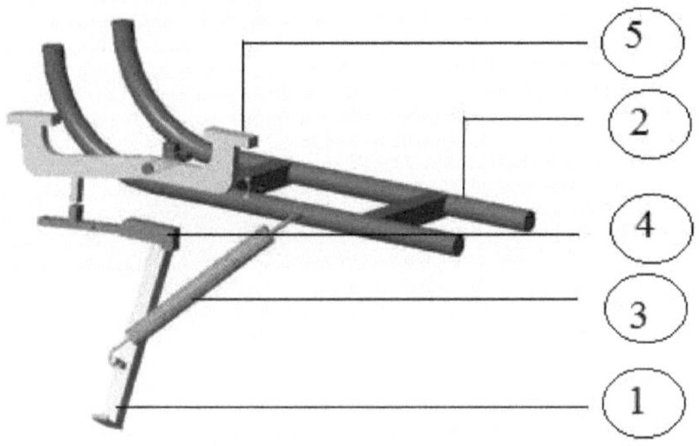

Figura 9.1 - MODELO 3D DE RETRIÇÃO AUTOMÁTICA DO SUPORTE LATERAL

Quadro 9.1 - CONCEPÇÃO DO RETRITAMENTO AUTOMÁTICO DO BANCO LATERAL

Design and fabrication of automatic side stand retrieval						
Part No	Part Name	Material	Specifications	Quantity	Model Developed by	Mr.Subramaniam Vignesh
SSR1	Side Stand	Steel	250	1	Model Verifeid by	Mr.R.S.Mohankumar
SSR2	Frame	Steel		1	Date	15.03.2016
SSR3	Spring	Mild Steel	80	1	Size	A4
SSR4	Lock Linkage	Steel	200	1	Scale	1:1
SSR5	Gear Lever	Aluminium	220	1	Projection	
					Finish	Noted

All dimensions are in mm

CAPÍTULO 10
SELECÇÃO DE MATERIAIS

A seleção de materiais para um sistema de recuperação de suportes de duas rodas é um aspeto crítico da sua conceção e desempenho. Este processo envolve a escolha de materiais que possam suportar as tensões mecânicas, as condições ambientais e os requisitos operacionais do sistema, garantindo simultaneamente a segurança, a fiabilidade e a rentabilidade.

Factores que afectam a seleção de materiais:

Propriedades mecânicas: O material deve ter resistência, rigidez e durabilidade suficientes para suportar as forças e tensões registadas durante o funcionamento.

Resistência à corrosão: Uma vez que o sistema está exposto a condições exteriores, o material deve ser resistente à corrosão e à degradação.

Peso: O material deve ser leve para minimizar o peso total do sistema e reduzir o consumo de combustível.

Custo: O material deve ser rentável, tendo em conta tanto o custo inicial como os requisitos de manutenção a longo prazo.

Capacidade de fabrico: O material deve ser fácil de fabricar e moldar nas formas necessárias para os componentes do sistema.

Impacto ambiental: Deve ser tido em conta o impacto ambiental do material, incluindo a sua reciclabilidade e sustentabilidade.

Processo de seleção de materiais:

Identificar os requisitos: Definir os requisitos específicos e as restrições do sistema, tais como propriedades mecânicas, condições ambientais e custo.

Seleção de materiais: Identificar uma lista de materiais candidatos com base na sua adequação à aplicação e compatibilidade com os requisitos.

Avaliação dos materiais: Avaliar os materiais candidatos com base nas suas propriedades mecânicas, resistência à corrosão, peso, custo e outros factores relevantes.

Seleção do material: Selecionar o material mais adequado com base nos critérios de avaliação e considerações, tendo em conta o desempenho global, o custo e a capacidade de fabrico do sistema.

10.1 JUSTIFICAÇÃO DO MATERIAL

Quadro 10.2. JUSTIFICAÇÃO DO MATERIAL

SI.NO	ITEM	JUSTIFICAÇÃO
01	Chassis de aço	Facilmente disponível.
02	Componentes em aço macio	Barato e também fornece os requisitos necessários para a construção do mecanismo.

CAPÍTULO 11

FABRICAÇÃO

11.1 SOLDAGEM

A soldadura por arco metálico (MAW) é um processo de soldadura por arco amplamente utilizado que emprega um elétrodo de metal de enchimento para criar soldaduras. O processo envolve a proteção da área de soldadura contra a contaminação atmosférica, utilizando um revestimento externo na superfície do elétrodo. Uma fonte de corrente gera energia eléctrica, que é conduzida através do arco para a área de soldadura. Durante a soldadura, o soldador alimenta manualmente o metal de adição na área de soldadura com uma mão, enquanto manipula a tocha de soldadura com a outra. Normalmente, o soldador move a tocha num pequeno círculo para criar a soldadura, cujo tamanho depende do tamanho do elétrodo e da quantidade de corrente utilizada. O MAW é normalmente utilizado para soldar aço macio e pode produzir soldaduras com uma espessura mínima de 3 mm.

A soldadura por arco metálico é um processo de soldadura versátil e amplamente utilizado, adequado para a soldadura de aço macio. A sua capacidade de produzir soldaduras com uma espessura mínima de 3 mm torna-o adequado para uma variedade de aplicações. No entanto, o processo requer habilidade e destreza por parte do soldador, uma vez que este tem de alimentar simultaneamente o metal de adição e manipular a tocha de soldadura. Apesar deste requisito, a MAW continua a ser uma escolha popular devido à sua eficácia na produção de soldaduras fortes e fiáveis.

11.2 TRITURAÇÃO

A retificação é um processo de maquinagem abrasivo que utiliza uma mó como ferramenta de corte. É utilizado para remover material de uma peça de trabalho para obter a forma e o acabamento superficial desejados. A mó é constituída por partículas abrasivas ligadas entre si numa matriz e roda a alta velocidade para remover material   da   peça   de   trabalho.

Figura 11.2 - RETIFICAÇÃO

A retificação é um processo de maquinagem versátil que é utilizado numa vasta gama de indústrias para várias aplicações. A sua capacidade de proporcionar um acabamento superficial preciso e de remover material de forma eficiente torna-o um processo valioso na produção e no fabrico. Em geral, a retificação desempenha um papel crucial na obtenção do acabamento superficial e das dimensões desejadas dos componentes em operações de soldadura, torneamento e corte.

11.3 TRITURAÇÃO

A fresagem é um processo de maquinagem versátil que envolve a utilização de fresas rotativas para remover material de uma peça de trabalho. A fresa roda a alta velocidade, enquanto a peça de trabalho é introduzida num ângulo, permitindo uma modelação e dimensionamento precisos do material. Este processo é amplamente utilizado em várias indústrias e oficinas mecânicas para o fabrico de componentes que vão desde pequenas peças individuais a grandes operações de trabalho pesado.

Figura 11.3 - FRESAGEM

As operações de fresagem podem ser classificadas em várias categorias, incluindo a fresagem de faces, a fresagem de extremidades e a fresagem de ranhuras, entre outras. Cada tipo de operação de fresagem é utilizado para obter resultados específicos, como a criação de superfícies planas, o corte de ranhuras ou a produção de formas complexas. Além disso, as fresadoras podem variar em tamanho e complexidade, desde pequenas máquinas de bancada até grandes centros de fresagem industriais capazes de lidar com tarefas de maquinação pesadas.

Uma das principais vantagens da fresagem é a sua capacidade de produzir peças altamente exactas e precisas. Isto torna-a ideal para o fabrico de componentes que requerem tolerâncias apertadas e geometrias complexas. Além disso, a fresagem pode ser utilizada para maquinar uma vasta gama de materiais, incluindo metais, plásticos e compósitos, o que a torna um processo versátil para várias indústrias. A sua capacidade de produzir peças precisas com tolerâncias apertadas torna-a uma escolha preferida para muitas indústrias. Quer se trate de produzir peças pequenas e complexas ou componentes grandes e complexos, a fresagem continua a ser um dos processos mais utilizados atualmente na indústria e nas oficinas mecânicas.

CAPÍTULO 12
ESTIMATIVA DE CUSTOS

A estimativa de custos é um aspeto crucial de qualquer projeto de engenharia, incluindo o desenvolvimento e a implementação de um sistema de recuperação automática de um descanso de duas rodas. Este processo envolve a previsão das despesas associadas à conceção, fabrico e instalação do sistema. Uma estimativa de custos eficaz garante que o projeto se mantém dentro do orçamento e ajuda a tomar decisões informadas relativamente à atribuição de recursos. Este relatório fornece uma visão geral do processo de estimativa de custos para um sistema de recuperação automática de um suporte de duas rodas, destacando as principais considerações e metodologias. Inclui o seguinte.

Âmbito do projeto: Definir objectivos, resultados e calendário.

Categorias de custos: Repartição dos custos em conceção, fabrico, instalação, ensaios e validação.

Metodologias de estimativa de custos: Estimativa análoga, estimativa paramétrica, estimativa ascendente.

Factores que afectam a estimativa de custos: Complexidade do sistema, custos de material, custos de mão de obra.

1. Âmbito do projeto:

O primeiro passo na estimativa de custos é definir o âmbito do projeto. Isto inclui identificar os objectivos específicos, os resultados e o calendário para o desenvolvimento e implementação do sistema de recuperação automática. A compreensão do âmbito ajuda a determinar os recursos necessários e a estimar os seus custos com exatidão.

2. Categorias de custos:

A estimativa de custos para o sistema de recuperação automática de stands de duas rodas envolve várias categorias, incluindo

Custos de conceção e desenvolvimento: Inclui despesas relacionadas com a conceção do sistema, tais como custos de mão de obra, licenças de software e materiais de prototipagem.

Custos de fabrico: Estes são os custos associados ao fabrico dos componentes do sistema de recuperação automática, incluindo materiais, mão de obra e custos de equipamento.

Custos de instalação: Inclui despesas relacionadas com a instalação do sistema no veículo de duas rodas, tais como custos de mão de obra e qualquer equipamento adicional necessário.

Custos de teste e validação: Estes são os custos associados ao teste do sistema para garantir a sua funcionalidade e segurança.

3. Metodologias de estimativa de custos:

Podem ser utilizadas várias metodologias para a estimativa de custos, incluindo:

Estimativa análoga: Este método envolve a comparação do custo do projeto atual com projectos semelhantes concluídos no passado.

Estimativa paramétrica: Este método utiliza relações estatísticas entre os parâmetros do projeto (como a dimensão, a complexidade e a duração) e os custos para estimar as despesas.

Estimativa de baixo para cima: Este método envolve a estimativa de custos para componentes individuais do projeto e, em seguida, a sua agregação para determinar o custo total.

4. Factores que afectam a estimativa de custos:

Vários factores podem afetar a estimativa de custos de um sistema de recuperação automática de um stand de duas rodas, incluindo

Complexidade do sistema: Um sistema mais complexo pode exigir mais recursos e, por conseguinte, custos mais elevados.

Custos dos materiais: O custo dos materiais utilizados na conceção e fabrico do sistema pode ter um impacto significativo no custo global.

Custos de mão de obra: Os custos de mão de obra, incluindo salários e benefícios, podem variar consoante a localização e os conhecimentos necessários para o projeto.

SI.NO	ITEM	QUANTIDADE	DESPESAS ESTIMADAS (RS)

01	Chassis do veículo	1	1000
02	Alavanca de velocidades	1	50
03	Suporte lateral	1	50
04	Parafuso e porca (M10)	3 cada	20
05	Mola de aço	2	30
06	Pintura	100ml	70

Quadro 12.1. CUSTO DO MATERIAL

CAPÍTULO 13
CONCLUSÃO E TRABALHO FUTURO

A implementação de um sistema de recuperação automática do descanso proporciona várias vantagens em termos de segurança. Garante que o descanso lateral é sempre recolhido antes de o veículo ser posto em movimento, reduzindo o risco de acidentes. Também elimina a necessidade de o condutor recolher manualmente o descanso lateral, proporcionando uma experiência de condução mais cómoda e segura.

O sistema de recolha automática do descanso é um valioso reforço de segurança para os veículos de duas rodas. Ao recolher automaticamente o descanso lateral quando a mudança é efectuada, o sistema garante a segurança e a comodidade do condutor. Mais investigação e desenvolvimento nesta área podem levar a características de segurança ainda mais avançadas para os veículos de duas rodas.

O sistema de recuperação automática do descanso lateral é um dispositivo de segurança compacto e eficaz que não compromete o desempenho de um veículo de duas rodas.

Pode ser integrado sem problemas em todos os tipos de veículos de duas rodas com mecanismos de mudança de velocidades manuais. Este sistema resolve o problema dos acidentes causados pelo facto de os condutores se esquecerem de levantar o descanso lateral, aumentando assim a segurança na estrada.

Vantagens do sistema:

Design compacto: O sistema foi concebido para ser compacto, assegurando que não acrescenta volume desnecessário ao veículo.

Compatibilidade: Pode ser implementado em todos os tipos de bicicletas com mecanismos de mudança de velocidades manuais.

Prevenção de acidentes: O sistema desempenha um papel crucial na prevenção de acidentes causados por problemas nos apoios laterais.

Rentável: O custo de implementação deste sistema é baixo, tornando-o acessível a um vasto leque de utilizadores.

Fácil implementação: A realização de pequenas modificações no chassis do veículo permite uma fácil integração deste sistema.

Impacto económico: O baixo custo do sistema garante que este não afecta significativamente o nível económico dos passageiros.

Implicações futuras:

- Adoção na indústria: À medida que o conhecimento deste sistema aumenta, é provável que se torne uma caraterística padrão na indústria de veículos de duas rodas.

- Desenvolvimento futuro: A investigação e o desenvolvimento contínuos podem conduzir a melhorias na eficiência e eficácia do sistema.

- Implementação global: O sistema tem potencial para ser implementado a nível mundial, reduzindo ainda mais os acidentes causados por problemas nos apoios laterais.

- Em geral, o sistema de recuperação automática do descanso lateral destaca-se como uma solução prática e eficiente para uma preocupação de

segurança comum entre os condutores de veículos
de duas rodas.

REFERÊNCIA

1. Automatic Side Stand retrieve system, artigo de investigação de Bharaneedharan Muralidharan, ISSN: 2250-1991.
2. Fabrication and Analysis of Sprocket Side Stand Retrieval Systems, artigo de investigação do IJMER, Management Research, ISSN: 2348-4845.
3. PSG Design Data Book, Compilado por PSG College of Technology, Autores - Dr.D.Padmanaban, Dr.M.Aruna, Publicado por Kalaikathir Achchagam.
4. H E Ren, H Jian-Qing, 2004, Análise da capacidade de travagem de um automóvel equipado com um retardador de correntes de Foucault. Escola de
5. Engenharia Automóvel e de Tráfego, Universidade de Jiangsu, Zhenjiang, Jiangsu, China
6. Dr. K. Tirupathi Reddy, Syed Altaf Hussain, setembro-outubro de 2012, Modelação e análise de bielas de veículos de duas rodas.
7. Revista Internacional de Investigação em Engenharia Moderna (IJMER), Volume 2, Número 5, pp 3367-3371
8. Shigley J. E., C. R. Mischke, 2001, Mechanical Engineering Design. McGraw-Hill, Nova Iorque
9. Webster W. D., R. Coffell, D. Alfaro, 1983, A Three Dimensional Finite Element Analysis of a High Speed Diesel

10. Sivakumar, R., Vijayakumar, R., Sivapirakasam, S. P., & Raja, R. (2014). Conceção e Desenvolvimento de Sistema Automático de Recuperação de Suporte Lateral para Duas Rodas. Jornal Internacional de Tendências e Tecnologia de Engenharia, 16(4), 168-173.

11. Pandian, M. S., Thirumurugan, S., & Gnanavel, S. (2015). Implementação do sistema automático de recuperação de suporte lateral em duas rodas. Jornal Internacional de Pesquisa Avançada em Engenharia Elétrica, Eletrônica e de Instrumentação, 4(6), 4958-4963.

12. Balaji, A. R., Baskar, R., & Kumar, P. A. (2017). Sistema automático de recuperação de suporte lateral para duas rodas. Revista Internacional de Pesquisa Inovadora em Ciência e Tecnologia, 3(12), 7-10.

13. Rajput, V. S., Patil, P. R., & Pawar, S. P. (2018). Desenvolvimento e Implementação do Sistema Automático de Recuperação de Suporte Lateral para Duas Rodas. Revista Internacional de Pesquisa em Engenharia e Tecnologia, 5(5), 2348-2349.

14. Maheshwari, S. S., Ingale, S. S., & Rajput, R. S. (2016). Sistema automático de recuperação de suporte lateral para duas rodas - uma revisão. Revista Internacional de Engenharia e Pesquisa Técnica, 4(6), 101-105.

15.   Biela de motor. Documento Técnico SAE 831322, 1983, DOI: 10.4271/831322

16.   Meriam J. L., L. G. Kraige, 1998, Engineering Mechanics, 5th Edition, Nova Iorque, John Wiley

17.   Kolchin A., V. Demidov, 1984, Design of Automotive Engines, MIR Publication

MIX
Papier aus verantwortungsvollen Quellen
Paper from responsible sources
FSC® C105338

Printed by Books on Demand GmbH, Norderstedt / Germany